Bibliografische Information der Deutschen Nationalbibliothek:

Die Deutsche Bibliothek verzeichnet diese Publikation in der Deutschen National-
bibliografie; detaillierte bibliografische Daten sind im Internet über http://dnb.d-
nb.de/ abrufbar.

Impressum:

Copyright © 2014 GRIN Verlag, Open Publishing GmbH
Druck und Bindung: Books on Demand GmbH, Norderstedt Germany
ISBN: 9783668333147

Dieses Buch bei GRIN:

http://www.grin.com/de/e-book/342661/der-bandscheibenvorfall-als-ausdruck-einer-
gestoerten-funktionellen-anatomie

Anna-Katharina Bressler

Der Bandscheibenvorfall als Ausdruck einer gestörten funktionellen Anatomie

Möglichkeiten und Grenzen präventiver Maßnahmen

GRIN Verlag

Stiftung Universität Hildesheim

Institut für Biologie und Chemie

Marienburger Platz 22

31141 Hildesheim

Bachelorarbeit

Der Bandscheibenvorfall als Ausdruck einer gestörten funktionellen Anatomie - Möglichkeiten und Grenzen präventiver Maßnahmen

Abgabedatum: 20.05.2014

Vorgelegt von:

Name: Bressler

Vorname: Anna Katharina

Studiengang: Polyvalenter 2-Fächer-Bachelor mit Lehramtsoption Realschule (B.Sc.)

Inhaltsverzeichnis

Zusammenfassung

Die Aufgabe der Wirbelsäule ist es größtmögliche Stabilität bei bestmöglicher Bewegung zu gewährleisten. Das Erfüllen dieser scheinbar paradoxen Aufgaben wird durch ein gut aufeinander abgestimmtes Zusammenspiel von bewegenden und stützenden Strukturen gesichert.

Die Bandscheibe ist eines dieser Elemente der Wirbelsäule. Sie gewährleistet sowohl eine stabile als auch eine bewegliche Verbindung zweier benachbarter Wirbel zueinander. Zusammen mit anderen Strukturen, die den Wirbel verbindenden, bildet sie eine funktionelle Einheit - das Bewegungssegment der Wirbelsäule. Erst die Summation der sich über die Wirbelsäule erstreckenden Bewegungssegmente ergibt die Gesamtmobilität der Wirbelsäule.

In jedem Bewegungssegment herrscht ein physikalisches Gleichgewicht, das bei Bewegungen kurzzeitig außer Kraft gesetzt und anschließend wieder hergestellt wird.

Wird dieses physikalische Gleichgewicht, z.B. durch eine veränderte funktionelle Anatomie dauerhaft gestört, kann dies mit Bewegungseinschränkungen einhergehen.

Der Bandscheibenvorfall ist ein Beispiel für eine gestörte funktionelle Anatomie im Bewegungssegment. Durch den engen topographischen Bezug der Bandscheibe zum Rückenmark, besteht bei einem Bandscheibenvorfall ein hohes Risiko der Rückenmarkskompression, die Beeinträchtigungen in der Funktion des Nervensystems zur Folge haben kann.

Da es keine Präventionsmaßnahmen, die sich direkt mit dem Krankheitsbild des Bandscheibenvorfalles beschäftigen, zu geben scheint, wurden im Rahmen dieser Arbeit Präventionsmaßnahmen zur allgemeinen Rückengesundheit auf das Krankheitsbild des Bandscheibenvorfalles übertragen.

Diese Übertragung fand ausschließlich auf struktureller Ebene statt und beschränkte sich auf die drei, in der Literatur am häufigsten genannten, Maßnahmen zur allgemeinen Rückengesundheit: Bewegung, Ernährung und Ergonomie.

Ergebnis dieser hypothetischen Übertragung ist, dass alle erörterten Maßnahmen zur allgemeinen Rückengesundheit in struktureller Hinsicht auch
einen positiven Effekt im Zusammenhang mit der Aufrechterhaltung der funktionellen Anatomie der Bandscheiben haben und somit zur Vermeidung von
Bandscheibenvorfällen beitragen können.

1. Einleitung

*„Der gesunde Mensch ist sich der Vielfalt an Bewegungs- und Belastungs-
vorgängen im täglichen Leben nur selten bewusst. In der Eile des Alltags
denkt er nicht an die Folgen einer vermehrten, meist einseitigen Beanspru-
chung der funktionellen Einheit von Knochen und Gelenken sowie Bändern,
Muskeln und Sehnen. Erst wenn der harmonische Bewegungsablauf des
Körpers durch Schmerz und Bewegungseinschränkung gestört ist, fühlt er
sich im Wohlbefinden beeinträchtigt"* (COTTA 2001, S.113). Gerade im Bereich des Rückens bzw. der Wirbelsäule spielt dies eine große Rolle. Rü-
ckenschmerzen sind zur „Volkskrankheit" (TK 2012, S.2) geworden und die
Häufigkeit von lumbalen Bandscheibenschäden, die stationär behandelt werden mussten, stieg von 2000 auf 2007 um 40% (GEK 2009; COTTA 2001).

Neben den Folgen für die Betroffenen haben Bandscheibenschäden auch
wirtschaftliche Folgen. Nach der Krankheitskostenrechnung des statistischen
Bundesamtes wurden im Jahr 2008 knapp 9 Milliarden Euro für die Behandlung von Erkrankungen der Wirbelsäule und des Rückens (ICD-10: M45 bis
M54), zu denen auch die Bandscheibenvorfälle zählen, ausgegeben (STATIS-
TISCHES BUNDESAMT 2014). Das sind rund vier Prozent der direkten Kosten
für alle Krankheiten (STATISTISCHES BUNDESAMT 2014). Die Gesamtkosten
dürften allerdings noch sehr viel höher liegen, wenn man die indirekten Kosten, die durch Arbeitsunfähigkeit und Frühberentung entstehen, mit berück-
sichtigt.

Sowohl die Folgen für die Betroffenen, als auch die wirtschaftlichen Folgen
aufgrund eines Bandscheibenvorfalles belegen die Bedeutung der Prävention in diesem Feld. Vorbeugende Maßnahmen gegen Bandscheibenvorfälle
scheint es jedoch nicht zu geben. Es ergibt sich nun die Frage, ob und inwieweit die vorhandenen Präventionsmaßnahmen zur allgemeinen Rückengesundheit auch auf die Prävention von Bandscheibenvorfällen übertragbar
sind und inwieweit sie in Bezug auf die Vermeidung von Bandscheibenvorfällen erfolgreich sein können.

2. Der Bewegungsapparat des Rumpfes

Das Skelett bildet das Stützgerüst des Körpers und wird zusammen mit seinen verbindenden Bindegewebsstrukturen als passiver Bewegungsapparat bezeichnet (KKH 2008). Um größtmögliche Stabilität bei gleichzeitig bestmöglicher Beweglichkeit zu gewährleisten, wird ein funktionell gut aufeinander abgestimmtes Zusammenspiel von stützenden und bewegenden Bestandteilen benötigt (NIETHARD et al. 2003). Somit gibt es noch einen bewegenden Teil des Bewegungsapparates, der durch die Muskulatur gebildet wird und als aktiver Bewegungsapparat dem passiven Bewegungsapparat gegenüber gestellt wird (SCHWEGLER 2006).

Der Rumpf im engeren Sinne (anatomisch: *Truncus sensu strictu*) bezeichnet den Stamm des Körpers. Sein passiver Teil wird durch die Wirbelsäule (*Columna vertebralis*), den Brustkorb (*Thorax*) den Bauch (*Abdomen*) und das Becken (*Pelvis*) gebildet. Die autochthone Rumpfmuskulatur bildet den aktiven Teil des Bewegungsapparates (APPELL et al. 2008; SPEKTRUM 2003; COTTA 2001).

2.1 Die Funktionelle Anatomie der Wirbelsäule

Die Wirbelsäule (*Columna vertebralis*) bildet das axiale Stützsorgan des menschlichen Körpers (TITTEL 2003). Die Funktionen der Stabilität und Bewegung sind ihre Hauptfunktionen, somit fällt der *Columna vertebralis* eine „zentrale Aufgabe im Bewegungssystem" (JUNGHANS 1968, S.33) zu. Eine weitere wichtige Funktion ist der Schutz des Rückenmarks, das im Wirbelkanal lokalisiert ist (KAPANDJI 2006).

Die *Columna vertebralis* lässt sich in unterschiedliche Abschnitte gliedern, wobei jeder Abschnitt eine zur benachbarten Region entgegengesetzte Krümmung in der Sagittalen aufweist. Die Halswirbelsäule ist durch eine *Lordose* geprägt, auf die nach kaudal die *Brustkyphose*, die *Lendenlordose* und die *Sakralkyphose* folgt (FALLER et al. 2008). Die sich daraus ergebene Dop-

pel-S-Form steigert die Widerstandfähigkeit bei axialen Druckkräften. (AP-
PELL et al. 2008; FALLER et al. 2008; KAPANDJI 2008).

Jeder der Abschnitte weist einen ähnlichen Grundbauplan auf. Er besteht
aus Wirbeln (*Vertebrae*), die durch Zwischenwirbelscheiben (*Disci intervertebrales*), Muskeln und Sehnen beweglich miteinander verbunden sind und
damit eine funktionelle Einheit bilden (APPELL et al. 2008). In Form und Funktion anders differenziert sind sowohl Atlas und Axis, als auch die Kreuzbein-
und Steißbeinwirbel (FALLER et al. 2008; TITTEL 2003).

2.1.1 Wirbel

Die Wirbel haben einen einheitlichen Grundbauplan
gemeinsam. Beim Blick von oben auf einen Wirbel
lässt sich dieser in zwei Hauptstrukturen unterteilen.
Den größten und zugleich massivsten Teil bildet der
Wirbelkörper (*Corpus Vertebrae*). Die zylindrische
geformte Struktur wird als vorderer Pfeiler des Wirbels bezeichnet und fungiert als Tragstück (APPELL et
al. 2008; FALLER et al. 2008; KAPANDJI 2006; COTTA
2001).

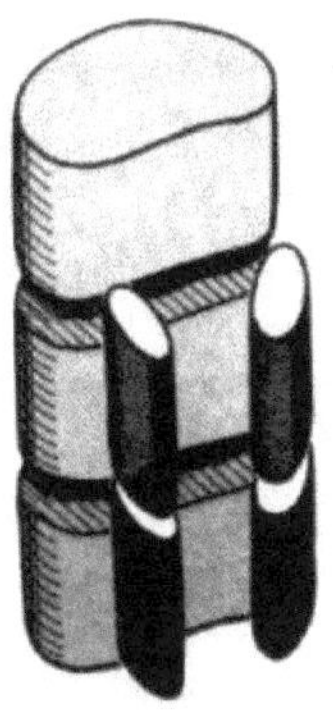

Abbildung 1 Schematische Darstellung der drei Säulen (aus KAPANDJI 2006, S.11).

An diesen vorderen Pfeiler schließt sich der hintere
Pfeiler des Wirbels an, der hauptsächlich eine dyna-
mische Funktion erfüllt. Gebildet wird er durch den Wirbelbogen (*Arcus vertebrae*), der das Wirbelloch (*Foramen vertebrale*) umschließt, zwei kleine
Einkerbungen (*Incisurae vertebrales*) am Übergang zum Wirbelkörper aufweist und insgesamt sieben Fortsätze trägt: die zwei nach lateral angelegten
Querfortsätze (*Processus transversi*), den nach dorsal gerichteten Dornfortsatz (*Processus spinosus*) und die vier, jeweils paarig angelegten –oberen
und unteren Gelenkfortsätze (*Processus articulares*) (APPELL et al. 2008;
FALLER et al. 2008; KAPANDJI 2006; COTTA 2001).

In ihrer Gesamtheit bilden die Wirbel über die Länge der Wirbelsäule durch Summation der Wirbellöcher den Wirbelkanal (*Canalis vertebralis*) der das Rückenmark schützend umgibt. Die Einkerbungen am Übergang zwischen Wirbelkörper und Wirbelbogen (*Incisurae vertebrales*) bilden das Zwischenwirbelloch (*Foramen intervertebralis*), durch das beidseitig die Spinalnerven austreten. Biomechanisch betrachtet lassen sich drei tragende Säulen voneinander unterscheiden (ABBILDUNG 1). Die Summation der Wirbelkörper ergibt die vordere Hauptsäule, die Summation der Gelenkfortsätze formt die zwei Nebensäulen (APPELL et al. 2008; FALLER et al. 2008; KAPANDJI 2006).

Dieser Grundbauplan erfährt in den einzelnen Wirbelsäulenabschnitten spezifische Modifikationen. So nimmt zum Beispiel aufgrund der zunehmen Druckbelastung von kranial nach kaudal vor allem die Dimension der Hauptsäule zu (APPELL et al. 2008; KAPANDJI 2006).

2.1.2 Bandscheiben

Die Bandscheiben (*Disci intervertebrales*) sind mit den überknorpelten Wirbelkörperendplatten zweier benachbarter Wirbel synchondrotisch miteinander verbunden. Funktionell gesehen lassen sie sich in zwei Bestandteile untergliedern: Den peripheren Faserring (*Anulus fibrosus*) und den zentral gelegenen Gallertkern (*Nucleus pulposus*) (APPELL et al. 2008; KAPANDJI 2006).

Der *Anulus fibrosus* besteht aus vielen, stark konzentrierten Fibrillenschichten, die sich in ihrem hauptsächlichen Faserverlauf kreuzen. Seine Innenzone weist eine faserknorpelige Struktur auf, die einzelnen Schichten der Außenzone sind aus Bindegewebe aufgebaut. Die Bindegewebsschichten der Außenzone bestehen zu 90% aus Kollagenfasern und zu 10% aus elastischen Fasern und weisen somit sehr zugfeste und dennoch teilweise elastische Eigenschaften auf (HARTMANN et al. 2013; KAPANDJI 2006; TÖNDURY et al. 2003).

Der *Nucleus pulposus*, der durch den *Anulus fibrosus* von einer zugfesten Hülle umschlossen wird, ist hauptsächlich aus wasserbindenden Strukturen aufgebaut. Er steht durch seinen daraus resultierenden hohen Wassergehalt unter hydrostatischem Druck (APPELL et al. 2008; KAPANDJI 2006).

Die *Disci intervertebrales* haben funktional gesehen unterschiedliche Aufgaben zu erfüllen. Durch das Abfangen von Stoß- und Druckbelastungen erfüllen sie einerseits eine Pufferfunktion und tragen somit zur Stabilität der Wirbelsäule bei. Auf der anderen Seite ermöglichen sie den Wirbelkörpern durch die runde Form des *Nucleus pulposus* Bewegungen in unterschiedliche Richtungen (APPELL et al. 2008; KAPANDJI 2006; NIETHARD et al. 2003).

Schematisch gesehen kann der *Nucleus pulposus* zusammen mit den zwei angrenzenden Wirbelkörperendplatten mit einer, von zwei Platten eingerahmten, Kugel verglichen werden (ABBILDUNG 2a). Ein solches Konstrukt ermöglicht unterschiedliche Bewegungen. Torsionsbewegungen (ABBILDUNG 2b) sind dabei genauso möglich wie Kippbewegungen (ABBILDUNG 2c) und Translation (KAPANDJI 2006).

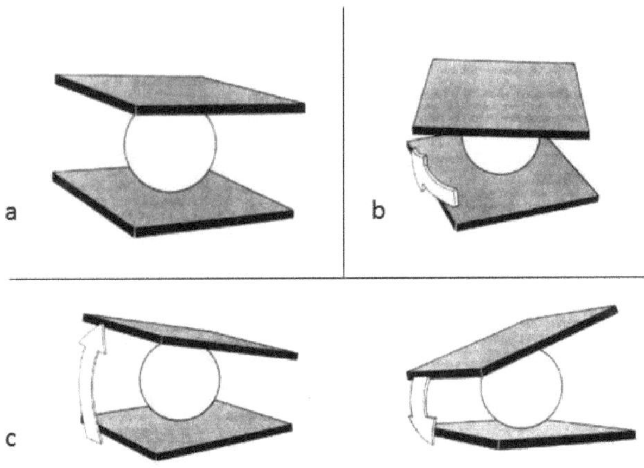

Abbildung 2 Schematische Darstellung der Bandscheibe und ihrer Bewegungen (aus KAPANDJI 2006, S.23). a) Bandscheibe als Kugellagerelement b) Torsion c) Kippbewegungen

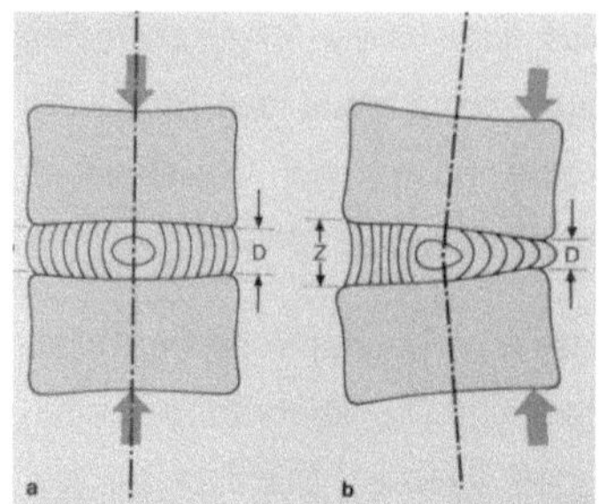

Abbildung 3 5 Belastung der Bandscheibe (aus RAUBER et al. 2003, S.207).
a zentrische Belastung
b exzentrische Belastung

Druckbelastungen auf die Bandscheiben können in zentrische und exzentrische Belastung unterschieden werden (ABBILDUNG 3). Beide Belastungsformen werden in unterschiedlicher Weise kompensiert.

Bei einer zentrischen Belastung wird der Diskus insgesamt komprimiert und die axiale Druckkraft zu 75% direkt auf den *Nucleus pulposus* übertragen. Nur 25% der Druckbelastung werden direkt vom *Anulus fibrosus* kompensiert (Lit.). Hier spielt die strukturelle Zusammensetzung der beiden Anteile eine große Rolle. ABBILDUNG 4 verdeutlicht, dass der hydrostatische und somit extrem druckbelastbare *Nucleus pulposus* diese Druckkräfte als Schubkräfte auf den zugfesten *Anulus fibrosus* überträgt, der ringförmig über die Ränder des Wirbelkörpers tritt. Die Belastung wird somit optimal abgefangen (KAPANDJI 2006; SCHWEGLER 2006; TÖNDURY et al. 2003).

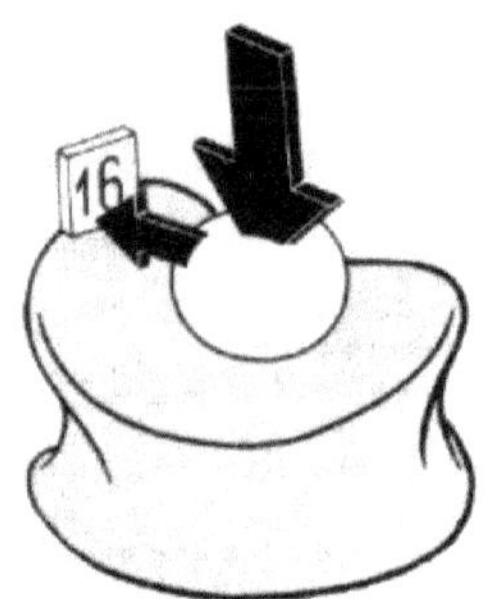

Abbildung 4 Weiterleitung des Druckes vom Nucleus pulposus zum Anulus fibrosus (aus KAPANDJI 2006, S.25).

Bei einer exzentrischen Druckbelastung wird der Diskus nicht gleichmäßig komprimiert. Die einseitige Kompression des Diskus führt zur Zugbelastung auf der entgegengesetzten Seite, zu der sich der *Nucleus pulposus* verlagert. Durch den hohen einseitigen Druck tritt ein Teil des *Anulus fibrosus* auf der mit Druck belasteten Seite über die Ränder des Wirbelkörpers (KAPANDJI 2006; SCHWEGLER 2006; TÖNDURY et al. 2003).

Druckbelastungen sind für die gesunde Bandscheibe nicht *a priori* schädlich. Im Gegenteil, die gesunde Bandscheibe ist in der Regel ab etwa dem vierten Lebensjahr gefäßfrei und ihre Ernährung erfolgt über Diffusion. Diese ist bei einem bradytrophen Gewebe, wie der Bandscheibe nur möglich, wenn das osmotische System einem ausreichenden Wechsel von Be- und Entlastung unterliegt. ABBILDUNG 5 schematisiert die Bandscheibe als osmotisches System. In unbelastetem Zustand (ABBILDUNG 5a) sind die Bandscheibe und ihr hydrostatischer Druck normal hoch, die Molekülverteilung im intra- und extradiskularen Raum ist ausgeglichen. Bei zentrischer Druckbelastung der Bandscheibe (ABBILDUNG 5b) nimmt die Höhe der Bandscheibe insgesamt ab und der hydrostatische Druck steigt. Die niedermolekulare Flüssigkeit wird aus der Bandscheibe gepresst. Bei anhaltender Druckentlastung (ABBILDUNG 5c) fließt aufgrund des osmotischen Gefälles niedermolekulare Flüssigkeit in die Bandscheibe hinein. Auf diese Weise kann ein Nährstoffaustausch im Bandscheibengewebe stattfinden (APPELL et al. 2008; SCHIEBLER et al. 2007; NIETHARD et al. 2003; SPEKTRUM 2003; TITTEL 2003; COTTA 2001).

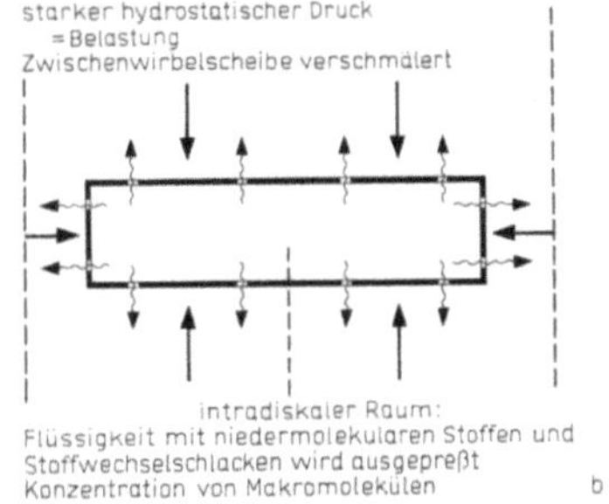

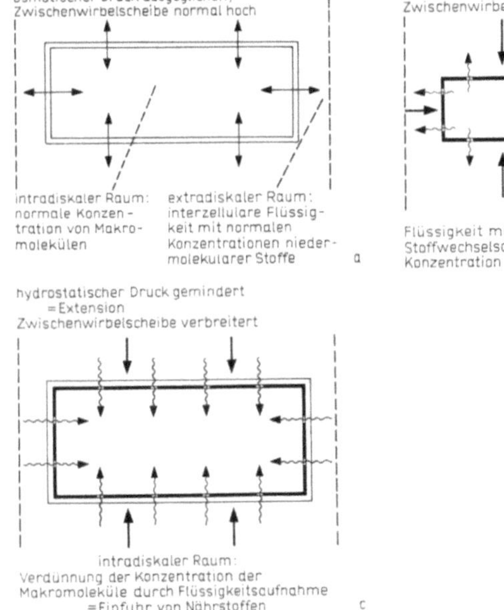

Abbildung 5 Der Discus intervertebralis als osmotisches System (aus TITTEL 2003, S.83).
    a unbelasteter Zustand
    b belasteter Zustand
    c Zustand nach Druckentlastung

2.1.3 Bänder

Die hauptsächlich aus zugfestem Kollagen aufgebauten Bänder sorgen in ihrer Gesamtheit für eine stabile Verbindung der Wirbel untereinander. Die gegebene Stabilität bedingt eine Bewegungshemmung der Wirbelsäule, macht diese jedoch gleichzeitig mechanisch hoch belastbar (APPELL et al. 2008; KAPANDJI 2006; TÖNDURY et al. 2003; JUNGHANS 1968).

Die Gesamtheit der Bänder kann in Wirbelkörperbänder und Wirbelbogenbänder unterteilt werden (TÖNDURY et al. 2003). Die Wirbelkörperbänder (Längsbänder) umgeben den vorderen Wirbelsäulenpfeiler und werden in ein vorderes (*Ligamentum longitudinale anterius*) und hinteres Längsband (*Ligamentum longitudinale posterius*) untergliedert. Das *Lig. longitudinale anterius*, das sich von der Schädelbasis bis zum *Sakrum* erstreckt, ist mit der Vorderfläche der Wirbelkörper fest verbunden. Hierbei ziehen oberflächliche Faserzüge über vier bis fünf Wirbel hinweg, tiefe Faserzüge verlauf jeweils zwischen zwei benachbarten Wirbeln. Das *Lig. longitudinale posterius* verläuft an der Hinterseite der Wirbelkörper und erstreckt sich von der Schädelbasis bis in den Sakralkanal hinein. Zwischen dem *Lig. longitudinale posterius* und dem *Anulus fibrosus* der *Disci intervertebrales* besteht eine feste Verbindung. Zusammen stabilisieren die Längsbänder den vorderen Wirbelsäulenpfeiler und schützen diesen zum Beispiel vor Bandscheibenvorfällen und Wirbelgleiten (APPELL et al. 2008.; KAPANDJI 2006; SCHWEGLER 2006,; TÖNDURY et al. 2003).

SCHIEBLER (2007) unterteilt die Wirbelbogenbänder in elastische Bänder und Einzelbänder. Die elastischen Wirbelbogenbänder, die durch ihre gelbe Färbung als *Ligg. flava* bezeichnet werden, sind segmental zwischen den einzelnen Wirbelbögen gespannt. Sie kleiden den Wirbelkanal aus und grenzen diesen, abgesehen von den *Foraminae intervertebralia* nach außen hin ab. Bei gebeugter Haltung stehen sie unter Zug und unterstützen somit die Wiederaufrichtung der Wirbelsäule. Bei Drehbewegungen werden sie gedehnt und unterstützen aufgrund ihrer elastischen Fasern die Wirbelsäule dabei wieder in die Ausgangslage zurück zu kehren (APPELL et al. 2008; SCHIEBLER et al. 2007; TÖNDURY et al. 2003).

Bei den Einzelbändern verspannen die *Ligg. interspinalia* und die *Ligg. inter-transversalia* die Muskelfortsätze (i.S.v. Fortsätze, die der Muskulatur als An-satzstellen dienen; APPELL et al. 2008, S.30) und beugen übermäßiger Ventralflexion vor. Dabei sind die *Ligg. interspinalia* jeweils zwischen zwei benachbarten Dornfortsätzen und die *Ligg. intertransversalia* zwischen zwei benachbarten Querfortsätzen lokalisiert. Das *Lig. supraspinalia*, das zwi-schen den Spitzen der Dornfortsätze verläuft, spannt sich bei Vorbeugung auf Zug und begrenzt somit diese Bewegung (APPELL et al. 2008; SCHIEBLER et al. 2007; TÖNDURY et al. 2003).

2.1.4 Rumpfmuskulatur

Die autochthone Rumpfmuskulatur (authochthon = ursprünglich ortsan-sässig; LIPPERT 1982, S.265), ist als System zu verstehen. Hierbei wird die Wirbelsäule von verschiedenen Mus-kelgruppen eingerahmt (ABBILDUNG 6). Dabei sind die gerade Bauchmuskula-tur (*M. erectus abdominis*) und die tiefe Rückenmuskulatur (*M. erector spinae*), die beide im Becken veran-kert sind, als Beuger und Strecker der Wirbelsäule zu verstehen. Die Hals-

Abbildung 6 Vergleich der Rumpfmuskulatur mit der Vertäuung eines Schiffmastes (aus COTTA 2001, S.51).

muskulatur (Bestandteil des *M. erector spinae*) sorgt für die Aufrichtung des Kopfes. Die muskuläre Wirbelsäulenverspannung wird oft mit der Vertäuung eines Schiffmastes verglichen (COTTA et al. 2001; APPELL et al. 2008). Hier-bei symbolisiert die Wirbelsäule den Schiffsmast, der im Bootsrumpf (Be-cken) verankert ist und durch das Segel (Brustkorb) und die haltenden Seile (Muskulatur und Bänder) vertäut ist (TITTEL 2003; COTTA et al. 2001).

Die tiefe Rückenmuskulatur sorgt für die Bewegung der Wirbelsäule. Sie ver-läuft in zwei Strängen und ist unter dem Sammelbegriff *M. erector spinae* zusammengefasst. Sie wird in einen medialen und einen lateralen Trakt aufgeteilt. Der laterale Trakt ist oberflächlicher gelegen und seitlich neben den Dornfortsätzen lokalisiert. In seiner Gesamtheit ist er hauptsächlich für die Streckung der Wirbelsäule verantwortlich. Bei einseitiger Innervation sorgt er für eine Seitwärtsneigung (SCHIEBLER et al. 2007; TITTEL 2003LIPPERT 1982).

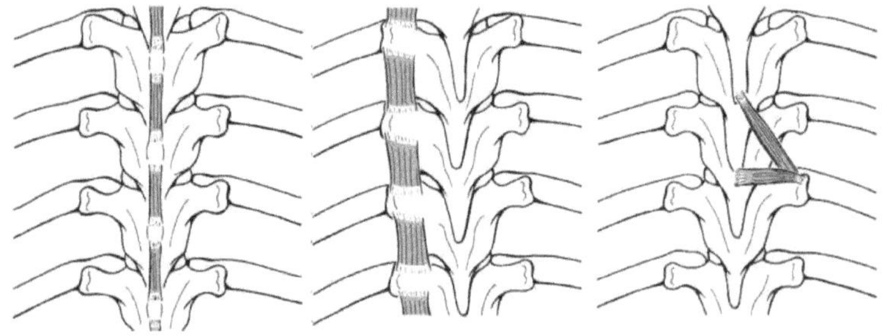

Abbildung 7 Erector spinae (aus APPELL et al. 2008, S.38).
a) interspinales System   b) intertransversales System   c) transversospinales System

Der mediale Trakt der autochthonen Rückenmuskulatur ist in ein Geradsystem und ein Schrägsystem unterteilt. Das Geradsystem verbindet Quer- und Dornfortsätze untereinander. Dabei sind das *interspinale System*, das *spinale System* und das *intertransversale System* voneinander zu unterscheiden. Das *interspinale System* (ABBILDUNG 7a) besteht aus kurzen, paarigen Muskeln, die zwischen benachbarten Dornfortsätzen lokalisiert sind. Sie sind hauptsächlich in der Hals- und Lendenwirbelsäule angelegt und sorgen für eine Streckung der Wirbelsäule. Das *spinale System* ist ähnlich wie das *interspinale System* zwischen Dornfortsätzen gespannt und sorgt für eine Streckung der Wirbelsäule. Im Gegensatz zum *interspinalen System* besteht es jedoch aus längeren Muskelsträngen, die mehrere Dornfortsätze überspringen. Das *intertransversale System* (ABBILDUNG 7b) verläuft zwischen den Querfortsätzen. Die paarigen Muskelbündel sorgen bei einseitiger Innervation für eine Neigung der Wirbelsäule, bei beidseitiger Innervation für eine Stabilisierung. In seiner Gesamtheit sorgt das Geradsystem hauptsächlich für die Sicherung der Wirbelsäule (APPELL et al. 2008; SCHIEBLER et al. 2007; TITTEL 2003).

Das Schrägsystem (ABBILDUNG 7c), das auch *transversospinales System* genannt wird, verläuft zwischen Querfortsätzen und höher gelegenen Dornfortsätzen. Auch dieses System ist in kurze und längere Muskelfasern unterteilt und sorgt bei einseitiger Innervation für eine Drehbewegung, bei beidseitiger Innervation für eine Streckung der Wirbelsäule (APPELL et al. 2008; SCHIEBLER et al. 2007; TITTEL 2003).

2.2 Die Biomechanik der Wirbelsäule

Im Hinblick auf die Bewegung der Wirbelsäule ergeben die Einzelbewegungen vieler kleiner funktioneller Einheiten in Summation die Gesamtbewegung der Wirbelsäule. So eine funktionelle Einheit wird als Bewegungssegment bezeichnet und setzt sich aus zwei benachbarten Wirbeln und deren verbindenden Strukturen zusammen (FALLER et al. 2008; JUNGHANS 1968).

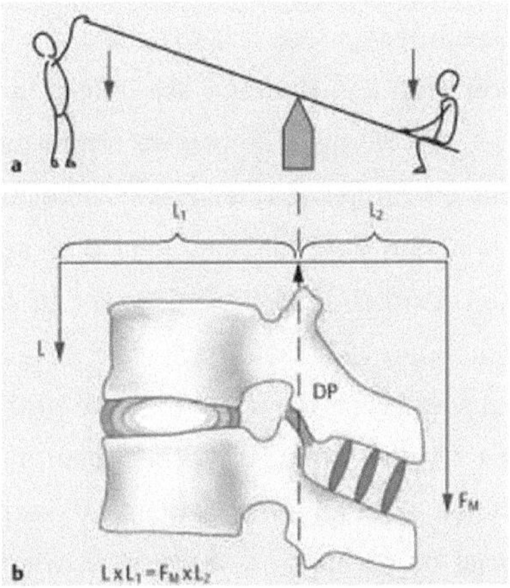

Mechanisch gesehen kann man ein Bewegungssegment mit der Funktionsweise eines zweiseitigen Hebels vergleichen (ABBILDUNG 8). Dabei bilden

Abbildung 8 Vergleich des Bewegungssegmentes mit einem zweiseitigen Hebel (aus HÜTER-BECKER et al. 2009, S.389).

die zwei lateralen Querfortsätze (*Processus transversi*) zusammen mit dem nach dorsal gerichteten Dornfortsatz (*Processus spinosus*) die Muskelfortsätze des Wirbels. Diese bilden zusammen einen knöchernen Hebel, der mit Hilfe der Muskelkraft bewegt werden kann. Die vier jeweils paarig angelegten Gelenkfortsätze (*Processus articulares*), die auf Höhe der *Processus transversi* entspringen, bilden zusammen mit den Gelenkfortsatzpaar des darüber oder darunter liegenden Wirbels die kleinen Wirbelbogengelenke (*Art. zygapophysialis*), die als Drehpunkt des Hebels fungieren. Die Bandscheibe (*Discus intervertebralis*), die auf der ventralen Seite des Hebels gelegen ist,

wirkt axialen Belastungen entgegen. Der sich daraus ergebende „diskover-
tebrale Dreifuß" (aus HÜTER-BECKER et al. 2009, S.389) ist maßgebend für
die biomechanische Funktionalität des Bewegungssegmentes (HÜTER-
BECKER et al. 2009; APPELL et al. 2008; FALLER et al. 2008; KAPANDJI 2006).

Laut TÖNDURY et al. (2003) herrscht bei statischen Bedingungen in jedem
Bewegungssegment ein Gleichgeweicht zwischen den antagonischen Kräf-
ten. Dieses wird bei Bewegung außer Kraft gesetzt und durch Muskelkraft
wieder hergestellt. Hierbei gilt die Formel der Hebelgesetze:

$$L{\times}L1 = F_M {\times} L2 \quad (L= \text{Last, } L1= \text{Lastarm, } F_M= \text{Muskelkraft, } L2= \text{Kraftarm})$$

Diese besagt, dass das Produkt von Last und Lastarm gleich dem Produkt
von Kraft und Kraftarm sein muss, um ein Gleichgewicht aufrecht zu erhal-
ten. Das Körpergewicht wirkt ventral des Drehpunktes als Last (L). Die Länge
des Lastarmes (L1) ist. Beim Vorneigen des Oberkörpers und der damit ver-
bundenen Verschiebung des Körperschwerpunktes wird der Lastarm verlän-
gert. Wird zusätzlich ein Gewicht gehalten addiere sich dieses Gewicht zum
Körpergewicht. Die Last (L) wird zusätzlich zum Lastarm (L1) vergrößert. Daraus resultiert, dass je größer die Kräfte, die ventral auf das Bewegungssegment einwirken, sind, desto stärker muss die Muskelkraft (Kraftarmseite) ar-
beiten, um das Gleichgewicht wieder herzustellen. Dieses enge Zusammenspiel der Strukturen verdeutlicht wie wichtig jede einzelne Struktur für die
Funktionsweise des Bewegungssegmentes ist (HÜTER-BECKER et al. 2009;
KAPANDJI 2008).

Die funktionelle Kopplung der unterschiedlichen Strukturen im Bewegungssegment schränkt den Bewegungsradius stark ein. Durch die Beteiligung
mehrerer Bewegungssegmente bei einer Bewegung, sorgt deren Bewe-
gungssummation dennoch für ein hohes Bewegungsmaß. Bei der Gesamtmobilität der Wirbelsäule wird in drei Bewegungsrichtungen unterschieden.
Diese sind die Beugungen in der Sagittalebene (*Ventralflexion* und *Dorsalex-
tension*), die Seitneigung in der Frontalebene (*Lateralflexion*) und die Rotati-
on um die vertikale Achse (*Torsion*). Die Bewegungsradien der einzelnen
Bewegungen und die Anteile, die die einzelnen Wirbelsäulenabschnitte an
der Gesamtbewegung haben, sind unterschiedlich ausgeprägt (ABBILDUNG

9). Maßgeblich für die Beweglichkeit eines Abschnittes ist
das Verhältnis der Bandschei-
benhöhe zur Höhe der Wirbelkörper, das im zervikalen Bereich am größten ist (2:5). Somit ist auch der Bewegungsradius hier am größten. Im lumbalen Bereich beträgt dieses
Verhältnis 1:3 und im thoraka-
len Bereich nur 1:5. Eine weitere, für den Bewegungsradius,
maßgebliche Struktur sind die
Wirbelbogengelenke, die be-
sonders lumbalen Bereich sehr
kräftig ausgeprägt sind. Sie
dienen der Schienung der Bewegung und schützen vor zu
starken Dorsalextensionen.
Entscheidend für die Bewe-
gungsmöglichkeit in einem
Segment ist die Stellung der
Gelenke im Raum, die in den ein-

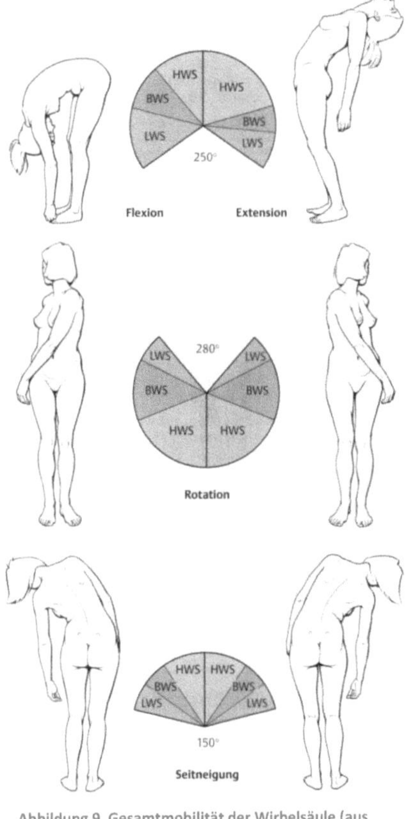

Abbildung 9 Gesamtmobilität der Wirbelsäule (aus
NIETHARD et al. 2003, S.329).

zelnen Abschnitten der Wirbelsäule unterschiedlich gestaltet sind. Der thora-
kale Bereich ist durch den Brustkorb in seiner Bewegung zusätzlich einge-
schränkt. (KAPANDJI 2006; SCHWEGLER 2006; NIETHARD et al. 2003; TÖNDURY
et al. 2003; LIPPERT 1982).

3. Der Bandscheibenvorfall als Ausdruck einer gestörten funktionellen Anatomie

3.1 Die pathologische Anatomie des Bandscheibenvorfalls

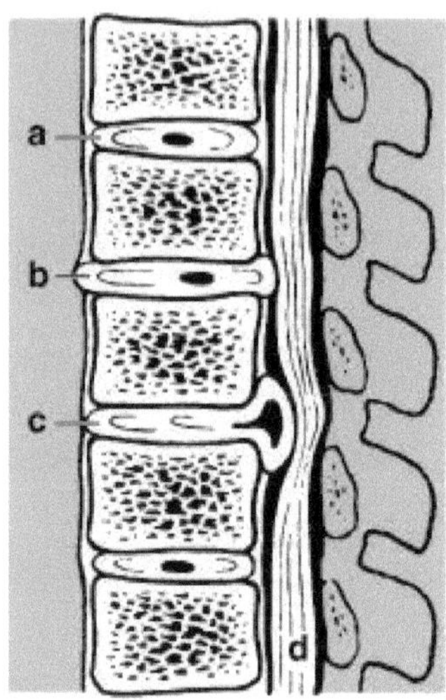

Abbildung 10 Längsschnitt durch die Wirbelsäule (aus Spektrum 1999, S. 233.
   a) intakte Bandscheibe
   b) Protrusion
   c) Prolaps
   d) Rückenmark

Der Bandscheibenvorfall (*Diskusprolaps*) gehört zu den degenerativen Wirbelsäulenerkrankungen und wird den Bandscheibenverschiebungen (*Diskushernien*) untergeordnet (NIETHARD et al. 2003). Bei den *Diskushernien* unterscheidet JUNGHANS (1968) drei verschiedene Richtungsverlagerungen des Bandscheibengewebes mit unterschiedlichen Folgen für die umliegenden Strukturen. Bei *Diskushernien* nach kranial oder nach kaudal bilden sich sog. Schmorl-Knötchen. Bei einer Verlagerung nach ventral und lateral-ventral bilden sich relativ knöcherne Randzacken am Wirbelkörper und eine Verlagerung nach dorsal und lateral-dorsal bedingt eine Kompression der Rückenmarksnerven.

Diskushernien werden nach Schweregraden klassifiziert (ABBILDUNG 10). Dabei wird die Vorwölbung des intakten *Anulus fibrosus* als *Protrusion* (Grad 1) bezeichnet. Bei einem Austreten des Bandscheibengewebes aus dem eingerissenen *Anulus fibrosus* spricht man vom *Prolaps* oder auch *Diskusproplaps* (Grad 2). Ein *Sequester* (Grad 3) ist eine besondere Form des Diskusprolapses. Auch hier tritt das Bandscheibengewebe aus dem *Anulus fibrosus* aus, allerdings verliert dieses Gewebe seine Verbindung zur ursprünglichen Bandscheibe. Laut SCHAPS et al. (2008) sind Bandscheibenvorfälle zu zwei Dritteln im Lumbalbereich, zu einem Drittel im Zervikalbereich und nur zu ca. 2% im Thorakalbereich lokalisiert. Der lumbale, nach dorsal gerichtete *Dis-*

kusprolaps (ABBILDUNG 10c) ist am häufigsten (HÜTER-BECKER et al. 2009; NIETHARD et al. 2008; SCHAPS et al. 2008; JUNGHANS 1968).

Aufgrund altersbedingter Verschleißprozesse nimmt die Anzahl lebensfähiger Zellen in der Bandscheibe ab. Im *Nucleus pulposus* sinkt die Wasserbindungskapazität. Der daraus resultierende geringere Wasserdruck im *Nucleus pulposus* bewirkt eine Mehrbelastung des *Anulus fibrosus*, was zu inneren Einrissen des *Anulus fibrosus* (Chondrose) führt. Pathomorphologisch sind diese beiden Veränderungen als Höhenminderung der Bandscheibe zu erkennen. Im selben Zusammenhang sinkt der Elastinanteil des Gewebes bei gleichzeitiger Zunahme des Kollagenanteils. *Anulus fibrosus* und *Nucleus pulposus* verschmelzen miteinander. Die Bandscheibe wird trockener und fibröser (Lit.).

Insgesamt gesehen sinkt die mechanische Belastbarkeit der Bandscheibe, ihre „Pufferkapazität" (Cotta 2001, S.62) wird vermindert und auch das Regenerationspotential nimmt ab. Dies wird bei mechanischer Belastung bedeutsam (ABBILDUNG11). (HÜTER-BECKER et al. 2009; KAPANDJI 2008; STRE-ECK et al. 2007; NIETHARD et al. 2003).

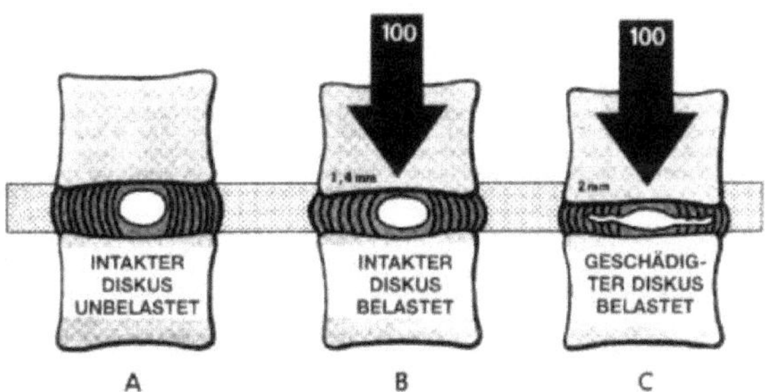

Abbildung 11 Diskushöhe von a) einem intakten und unbelasteten Diskus im Vergleich zur Diskushöhe eines b) intaktem Diskus und c) eines geschädigtem Diskus bei Mechanischer Belastung der Bandscheibe (aus KA-PANDJI 2008, S.29).

Auch die *Chondrose* hat mechanische Folgen. Die Höhenminderung der Bandscheibe und die damit verbundene Gefügelockerung sorgen für eine Instabilität in diesem Bewegungssegment, sodass eine vermehrte Beweglichkeit im Bewegungssegment bewirkt wird. Auch die Funktionalität des diskovertebralen Dreifußes wird verändert, da es durch die Höhenverminderung der Bandscheibe zu einer veränderten Stellung der Artikulationsflächen der Wirbelbogengelenke zueinander kommt (ABBILDUNG 12). Können diese Veränderungen nicht von anderen Strukturen des Bewegungssegmentes (Muskulatur) kompensiert werden, kann die daraus resultierende Überbelastung zu Bandscheibenvorfällen und/ oder Arthrosen (*Spondylosis deformans* und *Spondylarthrose*) führen (HÜTER-BECKER et al. 2009; KAPANDJI 2008; COTTA 2001; JUNGHANS 1968).

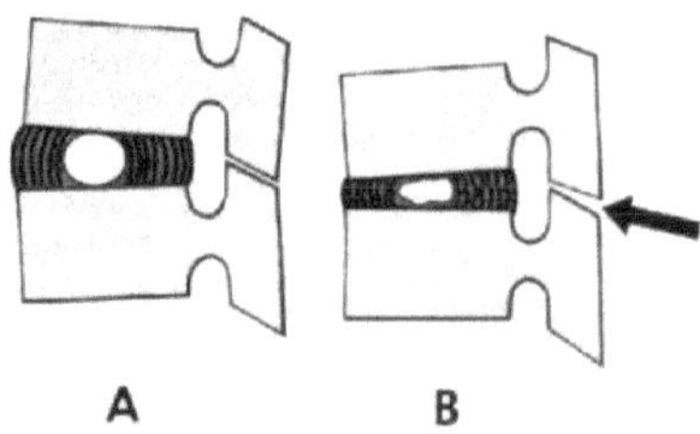

Abbildung 12 Stellung der Artikulationsflächen des Wirbelbogengelenkes bei a) intakter Bandscheibe b) geschädigter Bandscheibe (aus KAPANDJI 2008,S.29).

3.2 Symptome

Bedingt durch den engen topographischen Bezug der Bandscheiben zu den Nervenstrukturen der Wirbelsäule, können sich gerade dorsale (Rückenmark) und dorsolaterale (Spinalnerven) Bandscheibenfälle direkt auf das Nervensystem und dessen Funktionen auswirken. Die genauen Auswirkungen sind dabei je nach Lokalisation des Bandscheibenvorfalles unterschiedlich. Bei einem lumbalen Bandscheibenvorfall kann bei dorsalem Austritt des Gewebes die *Cauda equina* komprimiert werden. Das daraus resultierende Cauda-Equina-Syndrom äußert sich in einer Blasen- und Mastdarmlähmung und bedarf sofortiger operativer Behandlung (Lit). Ein lateraler Austritt äußert sich in radikulären Schmerzen, die mit einer *Ischialgie* (dermatom-bezogene Ausstrahlung des Schmerzes in die Beine) einhergehen kann. Bei zervikalen Bandscheibenvorfällen führt der laterale Austritt von Bandscheibengewebe ebenfalls zu radikulären Schmerzen und kann mit einer Brachialgie (derma-

tom-bezogene Ausstrahlung des Schmerzes in die Arme) einhergehen (HÜ-
TER-BECKER et al. 2009; SCHAPS et al. 2008; NIETHARD et al. 2003; COTTA
2001).

NIETHARD et al. (2001) weisen jedoch darauf hin, dass pathologische Veränderungen an der Bandscheibe nicht immer mit Symptomen einhergehen
müssen. Ein kausaler Zusammenhang von pathologischen Veränderungen
der Bandscheibe und klinischer Symptomatik ist somit nicht in jedem Fall
gegeben.

3.3 Risikofaktoren

Risikofaktoren oder auch risikoerhöhende Bedingungen sind als „epidemiologische Merkmal[e], (…) [die] die Wahrscheinlichkeit des Auftretens einer
Störung (…) erhöh[en]" (SPEKTRUM 2003, S.79.) zu verstehen. In Bezug auf
die Bandscheibe sind dies somit epidemiologische Merkmale, die die Wahrscheinlichkeit des Auftretens eines Bandscheibenvorfalles erhöhen können,
jedoch nicht zwangsläufig mit ihm in Zusammenhang stehen müssen. Dabei
spielen nicht nur nicht-beeinflussbare Größen wie die fortschreitende Alterung und die damit verbundene Degeneration des Gewebes eine Rolle, sondern auch beeinflussbare Größen wie etwa das Körpergewicht (TABELLE 1).

Beeinflussbar	Nicht bzw. teilweise beeinflussbar

• **Unterbelastung**
  ➢ **Bewegungsmangel**
  ➢ **Lange Statische Belastungen**
• **Überbelastung**
  ➢ **Übergewicht**
  ➢ **Unphysiologisches Heben von Lasten**
	• Altersbedingte Degeneration
	• Auswirkungen von anderen Krankheiten
	• Genetische Faktoren

Tabelle 1 Exemplarisch aufgelistete beeinflussbare und nicht bzw. teilweise beeinflussbare Risikofaktoren.

Im Allgemeinen führt das „Missverhältnis zwischen mechanischer Belastung und biologischer Widerstandsfähigkeit des Gewebes" (COTTA 2001, S.71) zu einer Beschleunigung der Degeneration. Mit ihrem Belastungs-Beanspruchungs-Konzept verdeutlichen HARTMANN et al. (2013), dass die Komponente der Belastung immer um die Beanspruchungs-Komponente erweitert werden muss. Diese kennzeichne die individuell wahrgenommene Wirkung der Belastungen. Im Konzept wird weiterhin beschrieben, dass jeder Mensch ein individuelles Optimum an Belastungen hat. Dieses Optimum ist durch ein für das Individuum richtige Maß an Belastungen und eine volle Kompensierbarkeit dieser gekennzeichnet. Ein andauerndes geringeres Belastungsmaß führe zu einer Unterforderung des Gewebes, mit dem Resultat einer verminderten Belastbarkeit (HARTMANN et al 2013; STREECK et al. 2007). Das Gewebe wäre dann schon mit zumutbaren Belastungen überfordert.

Nach diesem Model führt eine Belastung über das persönliche Optimum hinaus zu einer Überforderung des Gewebes, mit der Gefahr, dass die Belastung nicht kompensiert werden kann. Hierbei ist nicht nur die Stärke der Belastung, sondern auch deren Dauer von Bedeutung. So können beispielsweise minimale Lasten für einen sehr viel längeren Zeitraum kompensiert werden als höhere Lasten. Auch eine zu geringe Erholungszeit des Gewebes nach mechanischen Belastungen führt auf Dauer zu einer Überlastung (HARTMANN et al. 2013).

Auf das pathologische Krankheitsbild des Bandscheibenvorfalles bezogen, verdeutlicht ABBILDUNG 13 die Auswirkungen der alltäglichen Belastungen auf eine intakte Bandscheibe, eine degenerierte Bandscheibe und einen Bandscheibenvorfall. Darüber hinaus veranschaulicht sie die Auswirkungen verschiedener Risikofaktoren auf die Bandscheibe. Die intakte Bandscheibe ist der Ausgangspunkt des Schaubildes. Die Auswirkungen der alltäglichen Belastungen befinden sich im grünen Bereich, der in dieser Darstellung die volle Kompensierbarkeit der Belastung symbolisiert. Nicht-beeinflussbare Risikofaktoren (Alterung) und beeinflussbare Risikofaktoren (Unter- und Überbelastung) führen zu einer Degeneration der Bandscheibe. Die Auswirkungen der alltäglichen Belastungen befinden sich dann im gelben Bereich der Darstellung, was symbolisiert, dass alltägliche Belastungen nur noch teilweise kompensiert werden können. Eine weiter andauernde Belastung (i.S.v. eigentlich kompensierbaren Belastungen, die aufgrund von verminderter Belastbarkeit des Gewebes zu Überbelastungen werden; im Schaubild als Belastung* gekennzeichnet) der degenerierten Bandscheibe resultiert in einen Bandscheibenvorfall. Alltägliche Belastungen können dann gar nicht mehr kompensiert werden (roter Bereich). Traumatische Belastungen (i.S.v. Belastungen die das Belastungsmaß des Gewebes deutlich überschreiten) können auch bei einer nicht degenerierten Bandscheibe (grüner Bereich) direkt zu einem Bandscheibenvorfall (roter Bereich) führen.

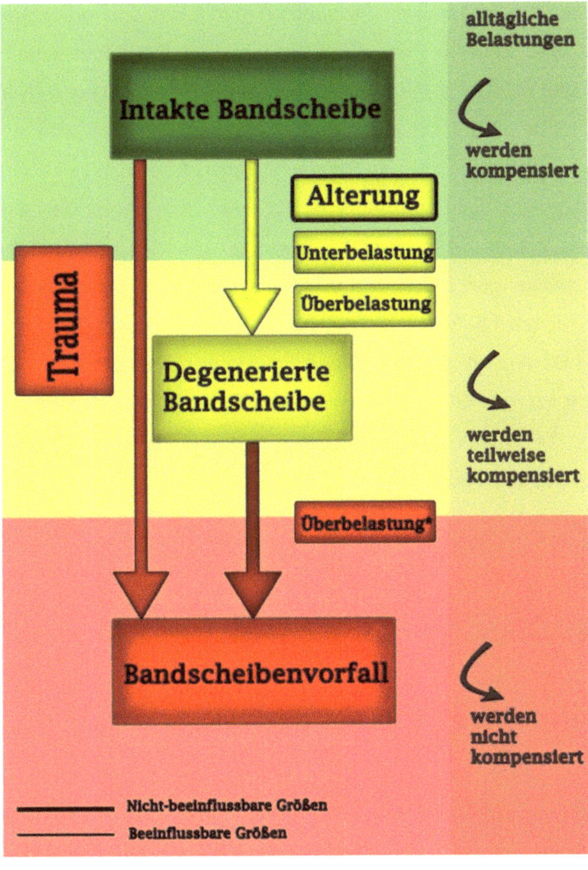

Abbildung 13 Ampelprinzip der Belastungen.

4. Möglichkeiten und Grenzen präventiver Maßnahmen

Im Feld der Prävention werden drei unterschiedliche Ansatzpunkte unterschieden: Primäre Prävention, sekundäre- und tertiäre Prävention. Dabei stellt die primäre Prävention eine Form i.S.e. Vorbeugung gegen Krankheiten dar. Die sekundäre Prävention zielt auf die Früherkennung von Krankheiten und unter der tertiären Prävention ist eine Prävention i.S.v. Vorbeugemaßnahmen gegen Rezidiverkrankungen zu verstehen (HARTMANN et al. 2013; NIETHARD et al. 2003).

Im Kontext des Bandscheibenvorfalles wird häufig nur von therapeutischen Maßnahmen (i.S.d. tertiären Prävention) und nicht von präventiven Maßnahmen (i.S.e. primären Prävention[1]) gesprochen. Der Focus scheint auf der Therapie und weniger auf vorbeugenden Maßnahmen zu liegen (NIETHARD et al. 2003; GEK 2009). Diese Annahme wird von der Tatsache unterstützt, dass es eine Prävention gegen Bandscheibenvorfälle nicht zu geben scheint. Es gibt allerdings viele Maßnahmen, die unter dem Begriff der allgemeinen Rückengesundheit zusammengefasst werden können und somit auch strukturelle Auswirkungen auf die Bandscheibe und ihre Funktion haben. Die in der Literatur am häufigsten genannten Maßnahmen betreffen die Bereiche Sport und Bewegung, Ernährung und Ergonomie (HARTMANN et al. 2013; ROBERT KOCH INSTITUT 2012; TK 2012; GEK 2009; HÜTER-BECKER et al. 2009; KEBEKKUS 2009; KKH 2008; ZIMOLOG et al. 2008; FLAMME 2005; HACK et al. 2002; COTTA 2001; HARTER 2001).

4.1 Präventive Maßnahmen und ihre strukturellen Auswirkungen auf die Bandscheibe

In ihrer Gesamtheit zielen die drei oben genannten Maßnahmen hauptsächlich darauf, das physikalische Gleichgewicht im Bewegungssegment aufrechtzuerhalten bzw. es wieder herzustellen.

---

[1] Im Folgenden wird der Begriff der Prävention mit dem Begriff der primären Prävention gleichgesetzt.

Strukturell betrachtet geschieht dies einerseits durch die Vermeidung von chronischen exzentrischen Belastungen der Bandscheibe, die von einer Fehlstellung der Wirbel zueinander verursacht werden und andererseits durch die Unterstützung der ernährenden „Durchsaftung der Bandscheibe" (WOTTKE 2004, S.120) anhand der Vermeidung von chronisch statischen Belastungen.

Im Folgenden werden diese Maßnahmen erörtert und ihre strukturellen Auswirkungen auf die Funktionalität der Bandscheibe als Teil des Bewegungssegmentes übertragen. Die Übertragung der Maßnahmen auf die Funktionalität der Bandscheibe hat in vielen Bereichen hypothetischen Charakter, da Literaturhinweise hierzu kaum zu finden sind.

4.1.1 Bewegung

Bewegungsmangel ist einer der stärksten Risikofaktoren für die Rückengesundheit. Als präventive Maßnahme wirkt sich regelmäßige Bewegung in zwei unterschiedlichen Ansatzpunkten auf die Bandscheibe aus.

Muskulatur, die nicht regelmäßig physiologische Belastung erfährt, wird in ihrer Funktion geschwächt. Bezogen auf das System der Rumpfmuskulatur können mangelnde Bewegung oder auch einseitige Belastungen dieses System aus dem Gleichgewicht bringen und zu muskulären Dysbalancen führen. Da die Aufrechterhaltung des Beckens eine aktive Leistung der Rumpfmuskulatur gegen die Schwerkraft ist und eine geschwächte Rumpfmuskulatur zu einer Abkippung des Beckens führen kann, können chronische Haltungsschäden, wie z.B. der Hohlrundrücken (*Kypho-Lordose*), Folgen solcher Dysbalancen sein (TK 2012; WOTTKE 2004; NIETHARD et al. 2003; COTTA 2001).

Strukturell gesehen wirken sich solche Haltungsschäden in Form von einer veränderten Statik auf das physiologische Gleichgewicht im Bewegungssegment aus. Die Bandscheiben werden, verursacht durch die Fehlstellung der Wirbel zueinander, chronisch exzentrisch belastet (ABBILDUNG 14).

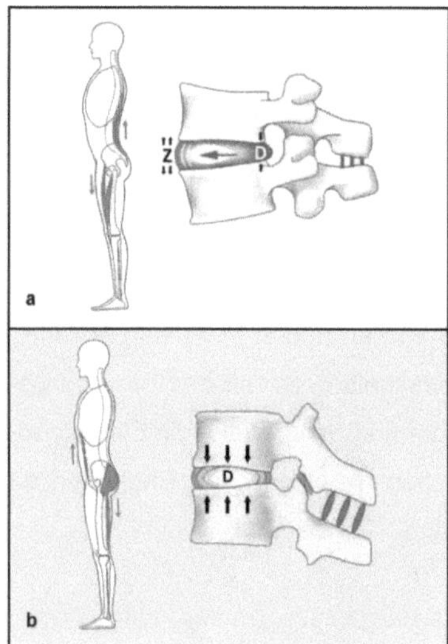

Abbildung 14 Belastung der Bandscheibe bei a) Kypho-Lordose und b) physiologischer Haltung (verändert nach WOTTKE 2004, S.151; ROHEN et al. 2006, S.72.).

Mechanisch gesehen würde Bewegungsmangel und die dadurch geschwächte Muskulatur (F_M<) für eine Verringerung auf der Seite des Kraftarmes sorgen und somit das physikalische Gleichgewicht dauerhaft stören (L×L1>F_M ×L2). Um dieses Gleichgewicht wieder herzustellen müsste entweder eine Verringerung auf der Seite des Lastarmes, oder eine Stärkung auf der Seite des Kraftarmes stattfinden. Da eine Verringerung auf der Seite des Lastarmes hauptsächlich durch die Verringerung des Körpergewichtes (L<) zu erreichen wäre und sich dies bei normalgewichtigen Personen als äußerst kritisch erweisen würde, hat hier die Maßnahme der Bewegung ihren primären Ansatzpunkt. Durch gezielten Aufbau der geschwächten Muskulatur (F_M) kann das Gleichgewicht im Bewegungssegment wieder hergestellt werden, die Fehlstellung der Wirbel zueinander wird aufgehoben und die chronisch exzentrische Belastung der Bandscheibe wird verhindert.

Die Folgen von Bewegungsmangel äußern sich allerdings nicht nur in einer veränderten Statik, sondern auch in einer veränderten Dynamik der Bandscheibe.

Als bradytrophes Gewebe ist die ausreichende Durchsaftung der Bandscheibe die einzige Möglichkeit, das Gewebe ausreichend mit Stoffwechselsubstanzen zu versorgen. Bewegungsmangel i.S.e zu langen statischen Belastung resultiert somit zwangsläufig in eine verminderte Ernährung der Bandscheibe.

Diese Mangelernährung sorgt auf struktureller Ebene für eine starke Höhenabnahme der Bandscheibe, was in einer Kippung des Bewegungssegmentes nach ventral resultiert und auf Dauer zu einer Belastungserhöhung auf der Seite des Lastarmes führen kann. Das Gleichgewicht im Bewegungssegment ist gestört ($L \times L1 > F_M \times L2$). Um dieses Gleichgewicht wieder herzustellen muss entweder die Belastung auf der Seite des Lastarmes verringert, oder die Seite des Kraftarmes gestärkt werden. Eine Verstärkung auf der Seite des Kraftarmes (gestärkte Muskulatur) würde das Gleichgewicht wieder herstellen, allerdings würde sich die axiale Druckkraft auf das Bewegungssegment erhöhen. Die Folge wäre eine Mehrbelastung der Bandscheibe. Somit würde sich eine Belastungsverringerung auf der Seite des Lastarmes als sinnvollerer erweisen. Auch hier setzt die Maßnahme der Bewegung an.

Regelmäßige sportliche Aktivität sorgt für eine ausreichende Bewegung des Wirbelkörper-Bandscheiben-Systems, was wiederum in einer ausreichenden Durchsaftung der Bandscheibe resultiert. Diese sorgt wiederum für eine, im Vergleich zur langen statischen Belastung der Bandscheibe, verminderte Höhenabnahme der Bandscheibe (ABBILDUNG 15).

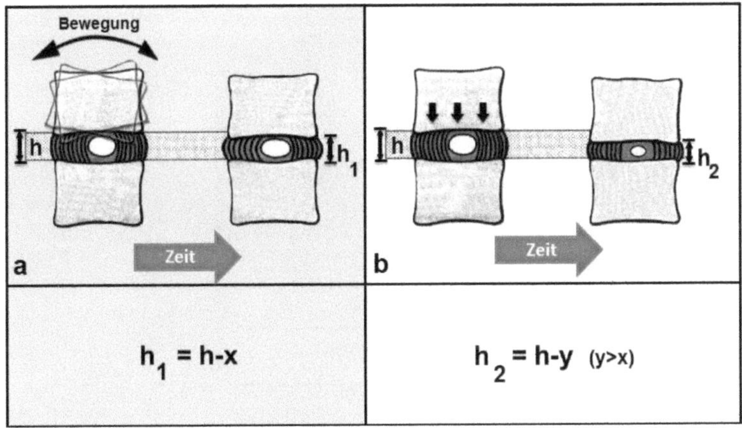

Abbildung 15 Hypothetische Höhenabnahme bei a) Bewegung und b) statischer Belastung (verändert nach KAPANDJI 2006, S 29.).

Das physiologische Gleichgewicht im Bewegungssegment kann länger aufrechterhalten werden. Eine Mehrbelastung der Bandscheibe und der umliegenden Strukturen wird verhindert, woraus eine höhere Widerstandsfähigkeit der Bandscheibe gegenüber Verschleißerscheinungen resultieren könnte.

4.1.2 Ernährung

Genauso wie mangelnde Bewegung stellt auch die Ernährung einen stark beeinflussbaren Faktor für die Rückengesundheit dar. Ihre Folgen sind vielfältig. Neben z.B. Durchblutungsstörungen, Auswirkungen auf Knochen-, Knorpelstruktur und das Muskelgewebe ist auch Übergewicht eine Folge von falscher Ernährung (KEBEKKUS 2009; HENZE et al. 2008).

Auf funktioneller Ebene kann sich Übergewicht auf das physiologische Gleichgewicht im Bewegungssegment auswirken. Die, durch das Übergewicht, verursachte veränderte Stellung der Artikulationsflächen der Wirbel zueinander resultiert in einer chronisch exzentrischen Belastung der Bandscheibe.

Mechanisch gesehen äußert sich Übergewicht in größerer Körperfülle, was zur Verlagerung des Schwerelotes des Körpers nach ventral und somit zu einer Verlängerung des Lastarmes (L1) führt (ABBILDUNG 16).

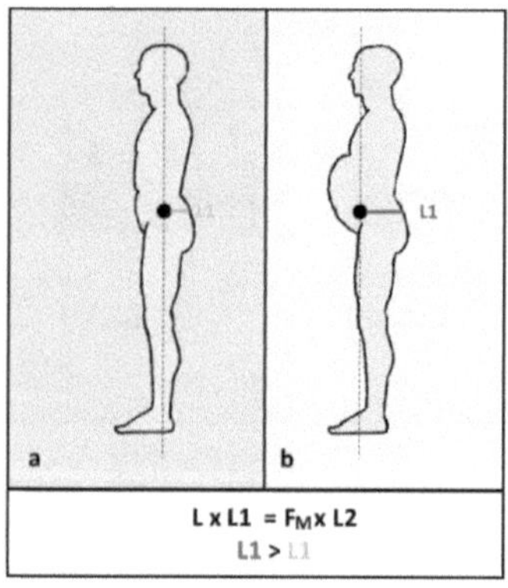

Abbildung 16 Schematische Darstellung des Körperschwerpunktes und des Lastarmes bei a)Normalgewicht und b)Übergewicht.

Das Gleichgewicht im Bewegungssegment wird außer Kraft gesetzt ($L \times L1 > F_M \times L2$) und die Bandscheibe erfährt eine höhere Belastung. Um das Gleichgewicht wieder herzustellen könnte man durch gezieltes Training die Rückenmuskulatur (F_M) stärken, um somit für einen Ausgleich zu sorgen (siehe Punkt 4.1.1). Eine Entlastung der Bandscheibe hätte dies, aufgrund der vermehrten axialen Druckkraft, allerdings nicht zur Folge. Die Maßnahme der Ernährungsumstellung mit dem Ziel der Gewichtsreduktion würde für eine Verringerung des Lastarmes sorgen. Das Gleichgewicht im Bewegungssegment wäre ohne Mehrbelastung der Bandscheibe wieder hergestellt.

4.1.3 Ergonomie

Die Ergonomie bezeichnet die Lehre der menschlichen Arbeit und hat die Anpassung von Arbeitsbedingungen an Eigenschaften und Bedürfnisse des Menschen zum Ziel. Dabei wird unter anderem in die Verhältnisergonomie und die Verhaltensergonomie unterschieden. Die Verhältnisergonomie beschäftigt sich mit der organisatorischen Ebene, also mit dem Verhältnis von Arbeitsbedingungen. Die Verhaltensergonomie beschäftigt sich mit der individuellen Ebene, also dem Verhalten des Individuums (BREITHECKER et al. 2008).

4.1.3.1 Richtiges Heben

Maßnahmen zum richtigen Heben sind hauptsächlich unter dem Gesichtspunkt der verhaltenspräventionalen Ansätze zu verstehen. Verhältnispräventionale Ansätze findet man nur selten, z.B. durch das Verwenden von Hebehilfen bei sehr schweren Lasten.

Strukturell gesehen sorgt der Vorgang des Hebens von Lasten generell für eine temporäre Aufhebung des Gleichgewichtes im Bewegungssegment. Die Belastung auf der Seite das Lastarmes steigt an ($L \times L1 > F_M \times L2$). Wird von Seiten des Kraftarmes ein entsprechend gleich großes Drehmoment erzeugt, resultiert für die Bandscheibe zwar eine erhöhte, aber immer noch zentrische Belastung.

Bei falscher Hebetechnik oder bei zu geringer Muskelkraft resultiert neben einer erhöhten Druckbelastung auch eine exzentrische Belastung der Bandscheibe. Häufig wird beim falschen Heben die Last mit gestreckten Beinen und daraus resultierend mit gebeugtem Rücken angehoben. Die Last befindet sich somit während des gesamten Vorgangs weit vom Körper entfernt, was für eine starke Verlängerung des Lastarmes führt (L1>). Da weder eine generelle Verstärkung der Muskelkraft (F_M), noch eine Verringerung der Last (L) in diesem Zusammenhang sinnvoll wären, führt theoretisch nur eine Verringerung des Lastarmes (L1) zu einer geringeren Verschiebung des Gleichgewichtes. Genau dies wird mit der richtigen Hebetechnik erreicht.

Beim richtigen Heben wird ein Heben mit geradem Rücken empfohlen. Die Beine sollen nicht durchgestreckt sein und der Gegenstand, der mit beiden Armen angehoben wird, soll sich beim Heben nah am Körper befinden (NIEDERSÄCHSISCHES KULTUSMINISTERIUM 2012,a; WOTTKE 2004; COTTA 2001).

Im Vergleich zum falschen Heben ist beim richtigen Heben das Gleichgewicht weniger stark außer Kraft gesetzt (ABBILDUNG 17). Durch den geraden Rücken ist das Heben der Last nah am Körper möglich. Im Vergleich zum gebeugten Rücken ist der Lastarm (L1) kürzer und kann mit weniger Muskelkraft auf der Kraftarmseite kompensiert werden.

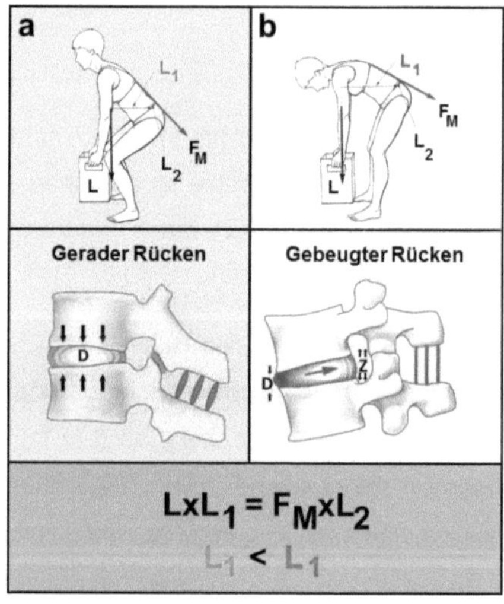

Abbildung 17 Mechanische Auswirkungen auf die Bandscheibe bei a) richtigem Heben und b) falschem Heben von Lasten (verändert nach HÜTER-BECKER et al., S389f.; WOTTKE 2004, S.134).

4.1.3.2 Richtiges Sitzen

Da der Mensch bedingt durch die industrialisierte Arbeitswelt rund 2/3 des Tages sitzend verbringt (WOTTKE 2004), ist richtiges Sitzen für die Rückengesundheit wichtig. Falsches Sitzen ist häufig durch eine gebeugte Haltung des Sitzenden charakterisiert (NIEDERSÄCHSISCHES KULTUSMINISTERIUM 2012,b)

Strukturell gesehen wirkt sich die gebeugte Haltung beim Sitzen, durch eine veränderte Stellung der Artikulationsflächen der Wirbel zueinander, negativ auf das physiologische Gleichgewicht im Bewegungssegment und somit auch auf die Bandscheibe aus.

Der durch die Körperhaltung verlagerte Schwerpunkt sorgt beim Sitzenden für einen verlängerten Lastarm (L1), was zu einer stärkeren Belastung auf der Seite des Lastarmes führt ($L \times L1 > F_M \times L2$). Dies und die, durch die veränderte Wirbel-Bandscheiben-Stellung resultierende, exzentrische Belastung der Bandscheibe, erhöht die Belastung auf die Bandscheibe.

Eine Verstärkung der Muskelkraft (F_M) wäre in diesem Zusammenhang wenig sinnvoll, da die mit dem langen Sitzen verbundene Bewegungsarmut zur Erschlaffung der Muskulatur führt und somit auf Dauer kein Ausgleich des physikalischen Gleichgewichtes erreicht werden könnte.

Um das Gleichgewicht wieder herzustellen, muss die Belastung auf der Seite des Lastarmes verringert werden. Zu diesem Zweck hat das NIEDERSÄCHSISCHE KULTUSMINISTERIUM (2012,b). Maßnahmen zum richtigen Sitzen veröffentlicht, die sowohl verhaltens- als auch verhältnispräventionale Aspekte beinhalten.

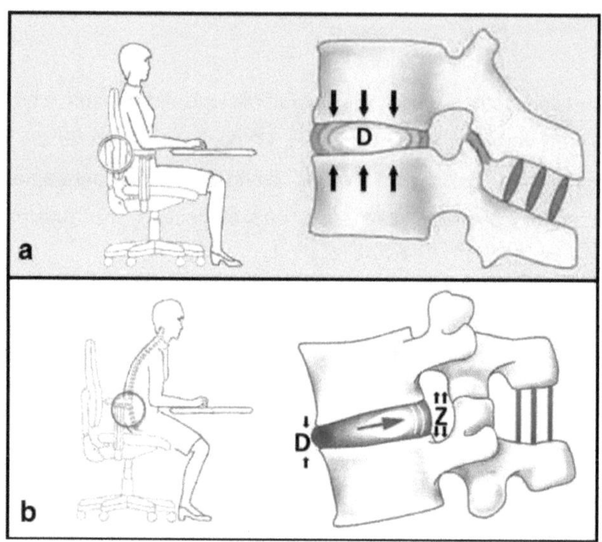

Abbildung 18 Belastungsverteilung auf die Bandscheibe bei a) physiologischem Sitzen und b) falschem Sitzen (verändert nach NIEDERSÄCHSISCHES KULTUSMINISTERIUM 2012,a; HÜTER-BECKER et al. 2008, S.389f.).

Im Zusammenhang mit den verhältnispräventionellen Aspekten werden der Arbeitstisch und Arbeitsstuhl als ein ergonomisches System betrachtet. Sie sollen beide in der Höhe verstellbar sein, um sich individuell an den Benutzer anpassen zu lassen. Die Sitzauflage des Stuhls soll voll ausgenutzt werden. Die bewegliche Rückenlehne soll sich der Form der Wirbelsäule stützend anpassen. Dafür muss sie ausreichend hoch sein, laut WOTTKE (2004) mindestens ½ Meter über Sitzhöhe, und über eine individuell einstellbare Rückenwölbung, den sog. Lendenbausch verfügen (NIEDERSÄCHSISCHE KULTUSMINISTERIUM 2012,b; WOTTKE 2004).

Eine daraus resultierende aufrechte und physiologische Haltung des Sitzenden führt strukturell gesehen zu einer Verringerung des Lastarmes (L1) und sorgt somit für eine Wiederherstellung des physiologischen Gleichgewichtes ($L \times L1 = F_M \times L2$) und eine gleichmäßige, zentrische Belastung der Bandscheibe. Die Belastung auf die Bandscheibe wird somit verringert (ABBILDUNG 18).

Allerdings führt auch eine optimale Lastenverteilung bei Haltungskonstanz zum Stillstand der ernährenden Durchsaftung der Bandscheiben (WOTTKE 2004). Um dies zu vermeiden rät das NIEDERSÄCHSISCHE KULTUSMINISTERIUM

(2012,b) zum dynamischen Sitzen in Verbindung mit vielen Bewegungspausen.

Der ständige Positionswechsel unterstützt die ernährende Durchsaftung der Bandscheiben. Die dadurch verminderte Höhenabnahme der Bandscheibe unterstützt die Aufrechterhaltung des physiologischen Gleichgewichts und sorgt somit für eine geringere Belastung der Bandscheibe (siehe ABBILDUNG 15).

4.2 Fazit

Die hier gezeigte, hypothetische Übertragung der Präventionsmaßnahmen zur allgemeinen Rückengesundheit auf die Bandscheibe verdeutlicht deren positiven Effekt im Zusammenhang mit der Vermeidung von chronischen exzentrischen Belastungen und der Unterstützung der ernährenden Durchsaftung des bradytrophen Gewebes. Die dadurch bedingte Erhaltung der anatomischen Strukturen und die Aufrechterhaltung des physiologischen Gleichgewichts im Bewegungssegment könnten in einer erhöhten Widerstandsfähigkeit der Bandscheibe gegenüber Verschleißerscheinungen resultieren.

Der Bandscheibenvorfall als Ausdruck einer gestörten funktionellen Anatomie könnte mit den beschriebenen Präventionsmaßnahmen eventuell verhindert oder zumindest hinausgezögert werden. Inwiefern die Effekte präventiver Maßnahmen allerdings tatsächlich wirksam sind, ist weitestgehend unbekannt. Möglicherweise sind es nicht-beeinflussbare Faktoren wie die Konstitution / Veranlagung, die einen höheren Einfluss auf die Entstehung von Bandscheibenvorfällen haben. Diese können durch die präventiven Maßnahmen kaum beeinflusst werden

Die hier vorliegende Arbeit beschränkte sich auf die Untersuchung der strukturellen Auswirkungen von präventiven Maßnahmen auf die Bandscheibe. Inwieweit diese veränderte funktionelle Anatomie für den Betroffenen relevant ist, wurde nicht untersucht. Es können somit keine Aussagen darüber getroffen werden mit welcher Häufigkeit der Bandscheibenvorfall als Ausdruck einer veränderten funktionellen Anatomie für den Betroffenen mit Symptomen bzw. in einem klinischen Verlauf einhergeht und inwieweit sich die hier vorgestellten Präventionsmaßnamen gegen das Krankheitsbild des Bandscheibenvorfalles für den Betroffenen als sinnvoll erweisen.

Weiterführende Untersuchungen zum Zusammenhang der gestörten funktionellen Anatomie und dem klinischen Verlauf von Bandscheibenvorfällen, sowie zum Einfluss beeinflussbarer und nicht-beeinflussbarer Faktoren, wären im Zusammenhang des Nutzens und der Grenzen präventiver Maßnahmen von Bedeutung.

… 5. Literaturverzeichnis

APPELL, H-J.; STANG-VOSS, C. (2008). Funktion*elle Anatomie; Grundlagen sportlicher Leistung und Bewegung.* (4. Auflage). Heidelberg: Springer Medizin Verlag.

BREITHECKER, D.; TEICHLER, N.; WALTER, U. (2008). Ergonomie. In: KKH (Kaufmännische Krankenkasse) (Hrsg.). (2008). *Beweglich? Muskel-Skelett-Erkrankungen – Ursachen, Risikofaktoren und präventive Ansätze.* Heidelberg: Springer Medizin Verlag, S.220-242.

COTTA, H. (2001). *Der Mensch ist so jung wie seine Gelenke. Bewegung und Verschleiß; Vorbeugung, Erkennung, Behandlung, Sport, Ernährung.* (3. Auflage). München: Wilhelm Heine Verlag GmbH & Co.KG.

FALLER A.; SCHÜNKE, M. (2008). *Der Körper des Menschen; Einführung in Bau und Funktion.* (15. Auflage). Stuttgart: Georg Thieme Verlag.

FLAMME, C.H. (2005). *Übergewicht und Bandscheibenschaden; Biologie, Biomechanik und Epidemiologie.* In: Orthopädie. Ausgabe 34, S.652-657.

GEK (Gmünder Ersatzkasse). (Hrsg.). (2009). *GEK-Bandscheiben-Report; Versorgungsforschung mit GEK-Routinedaten.* St. Augustin: Asgard Verlag.

HACK, A. (2002). Wirbelsäulenschonenedes Heben; Teil 1: *Umsetzung und Akzeptanz im beruflichen Alltag.* In: Manuelle Medizin. Ausgabe 40, S.276-278.

HACK, A.; GRÄVENDIECK, C. (2002). *Muskelaufbautraining beim Bandscheibenvorfall der Lendenwirbelsäule.* In: Manuelle Medizin. Ausgabe 40, S.146-150.

HARTER, W.H. (2001). *Degenerative Veränderung der Lendenwirbelsäule als mechanische Wirkung.* In Manuelle Medizin und Osteopathische Medizin. Ausgabe 39, S.14-16.

HARTMANN, B.; SPALLEK, M.; ELLEGAST, E. (2013). *Arbeitsbezogene Muskel-Skelett-Erkrankungen;Ursachen-Prävention-Ergonomie-Rehabilitation.* Heidelberg [u.a.]:Ecomed Medizin.

HENZE, V. et al. (2008). *Ernährung und Bewegung.* In: KKH (Kaufmännische Krankenkasse). (Hrsg.). (2008). Beweglich? Muskel- Skelett- Erkrankungen – Ursachen, Risikofaktoren und präventive Ansätze. Heidelberg: Springer Medizin Verlag, S.183-218.

HÜTER-BECKER, A.; DÖLKEN, M. (Hrsg.). (2009). *Physiotherapie in der Orthopädie.* (2.Auflage). Stuttgart: Georg Thieme Verlag.

JUNGHANNS, H. (1968). *Die gesunde und die kranke Wirbelsäule in Röntgen-bild und Klinik.* (5.Auflage). Stuttgart: Georg Thieme Verlag.

KAPANDJI, I.A. (2006). *Funktionelle Anatomie der Gelenke. Schematisierte und kommentierte Zeichnungen zur menschlichen Biomechanik. Band 3: Rumpf und Wirbelsäule.* (4.Auflage). Stuttgart [u.a.]: Georg Thieme Verlag.

KEBEKKUS, F. (2009). *Effizienz und Effektivität von Prävention.* In: Clinical Research in Cardiology Supplements. Ausgabe 4, S.95-98.

KKH (Kaufmännische Krankenkasse) (Hrsg.). (2008). *Beweglich? Muskel-Skelett-Erkrankungen – Ursachen, Risikofaktoren und präventive An sätze.* Heidelberg: Springer Medizin Verlag.

LIPPERT, H. (1982). Lehr*buch der Anatomie. Nach dem Gegenstandskatalog.* München (u.a.): Urban & Schwarzenberg.

LIPPERT, H. (1995). *Anatomie. Text und Atlas.* (6. Auflage). München (u.a.): Urban & Schwarzenberg.

NIEDERSÄCHSISCHES KULTUSMINISTERIUM. (Hrsg.). (2012,a). Maßnahmen zum richtigen Heben.
Unter:
http://www.arbeitsschutz.nibis.de/seiten/themen/ruecken_pi/seiten/rue cken_eb2b_01sitzen.html, Zuletzt überprüft: 15.05.2014.

NIEDERSÄCHSISCHES KULTUSMINISTERIUM. (Hrsg.). (2012,b). Maßnahmen zum richtigen Sitzen.
Unter:
http://www.arbeitsschutz.nibis.de/seiten/themen/ruecken_pi/seiten/ruecken_eb2b_02heben.html, Zuletzt überprüft: 15.05.2014.

NIETHARD, U.; PFEIL, J. (2003). Orthopädie. (4. Auflage). Stuttgart: Georg Thieme Verlag.

ROHEN, J.W.; LÜTJEN-DRECOLL, E.L. (2006). Funktionelle Anatomie des Menschen. (11. Auflage). Stuttgart (u.a.): Schattauer.

SCHAPS, K-P.; KESSLER, O.; FETZNER, U. (2008). *Das Zweite – kompakt: Chirurgie, Orthopädie, Urologie.* Heidelberg: Springer Medizin Verlag.

SCHIEBLER, T.H.; KORF, H-W. (2007). *Anatomie. Histologie, Entwicklungsgeschichte, makroskopische und mikroskopische Anatomie, Topographie.* Heidelberg: Springer Medizin Verlag.

SCHWEGLER, J. (2006). *Der Mensch. Anatomie und Physiologie. Schritt für Schritt Zusammenhänge verstehen.* (4. Auflage). Stuttgart (u.a.): Georg Thieme Verlag.

SPEKTRUM. (Hrsg.). (2003). Lexikon der Biologie. Band 12. Resolvase bis Simvastatin. Heidelberg: Spektrum, akademischer Verlag.

SPEKTRUM (Hrsg.). (1999). Lexikon der Biologie. Band 2. Arktis bis Blast-Zellen. Heidelberg: Spektrum, akademischer Verlag.

STATISTISCHES BUNDESAMT. (Hrsg.). (2014). Krankheitskosten: Deutschland, Jahre, Krankheitsdiagnosen (ICD10). (Ergebnis 23631-0001). Wiesbaden: Genesis-Online Datenbank.
Unter:
https://www-genesis.destatis.de/genesis/online/data;jsessionid=DB6AEE209896794F8692C6E62851D613.tomcat_GO_2_1?operation=previous&levelindex=3&levelid=1400140954979&levelid=1400140629774&step=2, Zuletzt überprüft: 15.05.2014

STREECK, U.;FOCKE, J.; KLIMPEL, L.; NOACK, D-W. (2007). *Manuelle Therapie und komplexe Rehabilitation. Band 2: Untere Körperregionen.* Heidelberg: Springer Medizin Verlag.

TITTEL, K. (2003). *Beschreibende und funktionelle Anatomie des Menschen.* (14. Auflage). München: Urvan & Fischer.

TK (Techniker Krankenkasse). (2012). *Deutschland hat Rücken - Der TK Rückenreport.* Hamburg: TK Medienservice.

TÖNDURY, G.; TILLMANN, B. (2003). *Rumpf.* In: Leonard, H.; Tillmann, B.; Töndury, G.; Zilles, K. (2003). Rauber/Kopsch Anatomie des Menschen. Lehrbuch und Atlas. Band 1: Bewegungsapparat. (3. Auflage). Stuttgart (u.a.) Georg Thieme Verlag.

WOTTKE, D. (2004): Di*e große orthopädische Rückenschule. Theorie. Praxis. Didaktik.* Heidelberg: Springer Medizin Verlag.

ZIMOLOG, B.; ELKE, G.; BIERHOFF, H-W. (2008). *Den Rücken stärken; Grundlagen und Programme der betrieblichen Gesundheitsförderung.* Göttingen [u.a.]: Hogrefe Verlag GmbH und Co.KG.